U0023792

港點小王子鄭元勳的

伴手禮點心

網紅甜點、節慶糕點，從蛋糕、蛋捲、糖酥餅、檸檬塔到蛋黃酥、鳳梨酥、老婆餅……

一本學會

作者──鄭元勳 ♥ 攝影──楊志雄

作者序

從來沒有想到：有一天我也晉升作家一職。這本書的催生，首先要感謝出版社的邀請，一開始焦慮大於興奮，疑惑自己這雙「火裡來，水裡去」的手，是否有駕馭「文字」的能力？

夜不成眠幾日後，來自家人和朋友的鼓勵：「為烘焙和料理生涯留下一段美好印記。」這句話打動了我。決定後的每個晚上，就靜靜的坐在電腦旁，好像有股神奇的力量，文字就隨著本能、多年實作經驗，巧思隨著飛舞的雙手自由地流淌。

為什麼選擇「伴手禮」作為主要內容；因為我覺得送禮最能傳達心意的溫度，也展現滿滿的幸福，我相信好的「差し入れ」，是會讓人留下美好印象。

品項選擇才是最讓我頭痛！滿腦的私房點心都是我的「心頭好」，礙於篇幅，最終選擇兼具視覺與味蕾享受的「經典」。飄香在書中的美好滋味有：養生健康的堅果塔，細品才能懂得它的好；層次分明的蛋黃酥，中式點心祕技，不藏私、大公開；百吃不厭的蛋糕卷，剛剛好的甜，不多不少，值得你好好品嘗。

「美味藏在細節裡。」我將帶著你，用老師傅才知道的技巧，讓芋頭酥、牛舌餅……，在家也能華麗上桌！

最後想感謝我的家人、教室夥伴和學員，特別是我的母親，能夠讓我自由的沉醉在料理、烘焙這條路無後顧之憂，都因為有您。我的成就，必須歸功您無私的付出與支持！

初次與鄭老師見面是在 2017 年的烘焙展。當時還不認識，鄭老師便主動跟我們打招呼，也一起拍照留念！
再來是在台北《易烘焙》，因課程原因，有更多機會跟老師碰面、互動，也有了切磋的機會。

在我眼裡，鄭老師不只是一位熱情且認真於烘焙的好老師，也是一位努力研發、突破自己的講師，所以在教課時，他的專業與魅力，累積了許多喜歡上老師課的粉絲。

在老師身上，我學習到很多，也發現他專研不同層面的專業技巧：麵包、蛋糕、中西式料理和台灣小吃等等。

每個成功的人，都是謙虛且懂得放下身段，並不斷學習與精進自己的。在這位最喜歡且尊敬老師身上，我就看到了這份特質。

祝　老師新書大賣

烘焙老師　陳志峰
2020.12.03

闔上書的那一刻，心中是滿滿的訝異，驚訝鄭老師的無私分享，無論是化繁為簡的小技巧，或是傳授質感與美味兼具的小訣竅！他，在這本《港點小王子鄭元勳的伴手禮點心》不藏私的大公開。

與其說是驚訝，但回想在《易烘焙》的相處點滴，鄭老師會這麼做，好像一點也不奇怪。每一次的課程，都可以感受到他對每個細節的要求與用心；透過學員認真的神情與掛在嘴角的笑容，做出完美成品的這件事，好像在老師的引導下，也不再困難了。

不留一手的用心，讓鄭老師成了課程秒殺名師，也讓《易烘焙》學員做出的成品，多了些不一樣，除了美味，更多了一點幸福感。

《港點小王子鄭元勳的伴手禮點心》這本書以伴手禮為主軸，輔以詳盡的步驟與精美的成品圖，簡單、易學，只要按部就班跟著做，無論是午後必備的小點心，或是排隊名店的超人氣商品，保證你信手捻來，美味飄香。

無論是因為《港點小王子鄭元勳的伴手禮點心》，你和烘焙有美好邂逅，還是因造訪《易烘焙》而愛上烘焙料理的同好，看完這本書，一定都是收穫滿滿的。

易烘焙Tiffany 真心推薦
2020年12月

目錄 Contents

Chapter 01

前置準備

迫不及待要開始捲起袖子做伴手禮了嗎？準
備好這些基本器材及食材，就能完成本書大
多數的伴手禮！

器具介紹

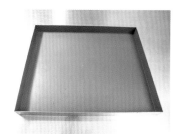

烤盤

一般烤盤或是不沾烤盤皆可

烘焙紙

防止食物沾黏到烤盤上所使用的
一次性紙類

烤焙墊

通常是矽膠材質，可取代一次性
的烘焙紙來使用

打蛋器

可以快速將蛋黃以及蛋白充分混
合成蛋液

隔熱手套

能夠阻隔高溫，尤其從烤箱中要
取出烤盤時千萬不要忘記使用

手持攪拌器

本書大部分的食譜都能利用手持
攪拌器完成

鋼盆

用來混合以及攪拌用的鋼盆

擀麵棍

將麵團擀平至需要的厚度或形狀

瑪芬蛋糕杯

通常使用紙模杯，可直接入烤箱

橡皮刮刀

雖然名字是橡皮刮刀，但是大部分材質都是矽膠的，方便輕柔拌勻各種糊類

篩網

粉類食材都需要過篩之後使用

電子秤

量秤重量以確認份量正確

塔模
本書中的塔類食譜都是使用小型
菊花邊塔模

蛋糕模
本書食譜中提到的蛋糕模為六吋蛋
糕模,固定底或活動式的都可以

麵粉類

低筋麵粉
簡稱低粉,通常用來做蛋糕以及
餅乾類點心

中筋麵粉
通常中式點心都用中筋麵粉來製
作,如包子、饅頭等

奶油類

發酵奶油
加入乳酸菌發酵過的奶油,味道
會比奶油來得更為濃厚香醇

無鹽奶油
原味沒有加鹽的奶油

無水奶油

將奶油加熱之後，除去水分之後
的奶油

糖類

砂糖

一般家用的白砂糖

黑糖

未經精煉過的蔗糖，含有特殊蔗香

糖粉

粉末狀白色糖霜，通常做為裝飾用

香草糖

含有香草香味的糖

奶類

鮮奶

一般家庭使用的鮮奶

鮮奶油

脂肪量較高的乳製品，因為容易
孳生細菌，所以通常需要冷藏保
存

塔皮製作

份量：6個

材料

- 低筋麵粉 … 110 克
- 糖粉 ………… 40 克
- 奶油 ………… 50 克
- 全蛋 ………… 25 克

1 將糖粉或砂糖、奶油攪拌至微發的奶油霜。

2 將蛋攪拌均勻，分2次加入奶油霜中拌勻成蛋糊。

3 將低筋麵粉過篩加入蛋糊中，以慢速攪拌成麵團。

4 用保鮮膜封好，放入冰箱，靜置30分鐘後，即可取出。

5 分割成每份35克的麵團。

6 麵團滾圓，放入小菊花塔模中，並用手壓平。

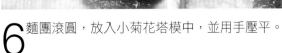

7 用刮麵刀將突出於塔模外的塔皮刮除，即完成小塔皮。

油皮製作

材料

- 中筋麵粉 … 320 克
- 砂糖 …………13 克
- 鹽 …………… 1 克
- 無水奶油 … 120 克
- 冰水 ……… 125 克

1 麵粉撥成粉牆，將無水奶油、砂糖、鹽、水拌入粉牆內拌合均勻。

2 揉製麵團至不沾手，用保鮮膜封好不讓表面風乾，靜置10分鐘後備用。

油酥製作

 材料

- 低筋麵粉 … 210 克
- 無水奶油 … 100 克

1 麵粉撥成粉牆,將無水奶油放入粉牆中,和麵粉揉拌均
勻。

2 揉拌時會黏手,可用刮板輔助,邊刮邊揉成團,如太黏可撒上麵粉定型,軟硬度必須
跟油皮軟硬度相同。

Chapter 02

美味蛋糕類

香甜鬆軟的蛋糕卷是不管大人或小孩都難以抗拒的不敗甜點伴手禮，學會蛋糕卷的基本手法，就能變化出各種不同口味變化。

香Q黑糖糕

 份量：6寸固定蛋糕模
或鋁箔模1個

材料

A 麵糊

- 中筋麵粉 ……… 100 克
- 樹薯粉 ………… 30 克
- 泡打粉 …………… 8 克
- 食用小蘇打粉 1 克

B 黑糖漿

- 黑糖粉 …………… 68 克
- 沙拉油 ………… 18 克

- 水 ……………… 140 克

C 裝飾

- 熟白芝麻 …………… 適量

作法

1 將材料A分別過篩，放在一起備用。

2 將材料B加在一起，以小火煮至黑糖粉融化後關火放涼備用。

3 將處理好的材料A跟B混合，充分攪拌至無粉粒狀態的麵糊。

4 準備1個6吋的圓形蛋糕模，模具內側擦上薄薄的沙拉油（材料外）。

5 放一張圓形蛋糕底紙於模具底部。將攪拌好的麵糊倒入蛋糕模型中。

6 準備一組蒸鍋及蒸籠，將蒸鍋的水煮至沸騰後，架上蒸籠並放入蛋糕模，接著蓋上蒸鍋蓋子以大火蒸約25分鐘後取出，趁熱灑上熟白芝麻即可。

乳酪蛋糕球

 份量：12個

烤箱設定

 預熱

- 上下火 200 度

烘烤

- 200 度烤 8 分鐘（麵團）
- 180 度烤 10 分鐘，降至 160 度續烤 10 分鐘

材料

A 麵團

- 細砂糖 ················· 23 克
- 無鹽奶油 ············· 25 克
- 低筋麵粉 ············· 50 克

B 乳酪內餡

- 乳酪奶油 ········· 125 克
- 玉米粉 ··················· 8 克
- 砂糖 ···················· 20 克

- 奶油 ·················· 25 克
- 蛋黃 ···················· 2 顆
- 檸檬汁 ················· 5 克

作法

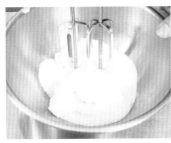

1 將材料A中無鹽奶油加砂糖，攪拌到微發。

TIPS

- 判斷奶油霜是否已打至微發：奶油霜已呈現羽絨狀，且顏色微微發白即可。

2 低筋麵粉過篩後拌入，揉成均勻麵團。

3 分成小塊狀填入小圓模中，麵團高度約小圓模高度的 1/4。

4 以上下火200度烤8分鐘，即可出爐備用。

製作乳酪內餡

5 將材料B全部放入盆中，隔溫水攪拌至均勻糊狀，即為乳酪內餡。

6 將乳酪內餡裝入擠花袋中，填入小圓模裏，約9分滿即可。

7 放入烤箱以上下火180度，烘烤10分鐘後，接著將烤箱溫度降至160度續烤10分鐘至表面金黃色即可。

多多桂圓小蛋糕

份量：12個（馬芬蛋糕杯）

烤箱設定

 預熱

- 上下火 180 度

 烘焙

- 180 度烤 12 分鐘

材料

A 內餡
- 奶油 ················100 克
- 切碎桂圓肉 ········130 克
- 養樂多 ·············· 95 克

B 蛋黃糊
- 蛋黃 ················· 4 顆

- 黑糖粉 ·············· 80 克

C 麵糊
- 低筋麵粉 ···········210 克
- 泡打粉 ·············· 4 克

D 蛋白霜
- 蛋白 ················· 4 顆

- 砂糖 ················· 70 克

裝飾
- 核桃 ···················適量

作法

1 將材料A全部放入小鍋，以小火煮至奶油融化放涼備用。

2 再加入材料B，攪拌均勻成蛋黃糊。

3 將材料C一起過篩，加入蛋黃糊中攪拌均勻後成麵糊備用。

 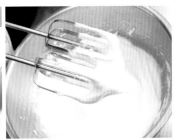

4 將材料D中的蛋白以電動打蛋器攪拌至產生大的蛋白泡泡後，加入砂糖繼續打發至硬性發泡。

TIPS

• 判斷蛋白霜是否打至硬性發泡，攪拌器拿起時尾端呈現尖角且不落下即可。

5 將蛋白霜與麵糊混合一起輕輕攪拌均勻。

6 最後將麵糊倒入小紙杯約8分滿，最上方放上裝飾核桃。

7 放入烤箱以上下火180度，烤約12分鐘即可。

原味戚風蛋糕卷

 ：一卷（34×24公分烤盤）

烤箱設定

預熱

- 上火 190 度下火 150 度

烘烤

- 上火 190 度下火 150 度
  烤 15 ～ 19 分鐘

材料

A 蛋黃糊

- 蜂蜜 ················· 15 克
- 鮮奶 ················· 65 克
- 香草精 ················ 2 克

- 沙拉油 ·············· 78 克
- 低筋麵粉 ··········· 100 克
- 玉米粉 ·············· 18 克
- 蛋黃 ··············· 118 克

B 蛋白霜

- 蛋白 ··············· 235 克
- 細砂糖 ············· 135 克
- 鹽 ················· 0.5 克

作法

製作蛋黃糊

1 將蛋黃糊材料中的液態材料；蛋黃、蜂蜜、鮮奶、沙拉油以及香草精倒入攪拌盆並以打蛋器攪拌均勻。

2 將低筋麵粉及玉米粉過篩後加入，攪拌至光滑無麵粉顆粒感，即為蛋黃糊。

製作蛋白霜

3 將蛋白倒入攪拌盆裡，以高速攪拌蛋白直至出現白色泡沫。

TIPS

- 蛋白霜第一階段打至有粗泡即可，勿打過久。

4 將打至起泡的蛋白霜加入細砂糖及鹽,繼續攪拌。

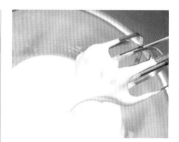

5 將蛋白霜攪拌至舉起打蛋器時,蛋白霜尖端微微垂下,此時再改用中速攪拌約1分鐘即完成蛋白霜。

6 取蛋白霜1/3份量加入蛋黃麵糊中,以橡皮刮刀由下往上翻拌均勻。再將剩下的蛋白霜加入拌勻的麵糊中,繼續拌勻至顏色一致。

7 將製作好的麵糊倒入鋪有烘焙紙的烤盤中,用半圓軟刮板將麵糊抹平,再拿起裝有麵糊的烤盤於桌面輕敲幾下,使麵糊內的氣泡浮出。

8 烤盤送入烤箱以上火190度,下火150度烤15〜19分鐘。

9 取出烤好的蛋糕,手持烤盤輕輕敲桌面數下讓熱氣散出,另取乾淨烘焙紙放桌面,將蛋糕體有烤色的那一面朝下,放在乾淨烘焙紙上。

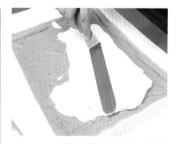

10 於蛋糕表面放上鮮奶油抹餡,並以抹刀抹平。

11 於蛋糕前端用抹刀輕劃3刀,每刀距離約1公分,約蛋糕的1/3深度即可。

12 接著將擀麵棍墊在烘焙紙下方，以邊拉烘焙紙邊將蛋糕往前捲的方式進行，一段一段輕壓再往前捲起，捲完時蛋糕的收口需朝下。

13 蛋糕卷整個放入冰箱，冷藏約30分鐘後，即可取出切片。

TIPS

● 麵糊拌至顏色均勻即可，過度攪拌會導致蛋白霜消泡喔。

鮮奶油抹餡 作法

● 鮮奶油 ⋯⋯⋯⋯⋯⋯150 克
● 細砂糖 ⋯⋯⋯⋯⋯⋯ 20 克

鮮奶油抹餡

 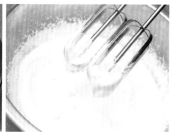

將鮮奶油及細砂糖加在一起並打發即可。

金莎巧克力卷

 份量 一卷（34×24公分烤盤）

烤箱設定

預熱

* 上火 180 度，下火 140 度，或上下火 170 度。

烘烤

* 上火 180 度，下火 140 度烤 15 ～ 19 分鐘

材料

A 可可蛋黃糊

* 熱水 ················· 65 克
* 可可粉 ············· 20 克
* 小蘇打粉 ············· 1 克
* 沙拉油 ············· 75 克
* 巧克力醬 ··········· 18 克

* 低筋麵粉 ··········· 65 克
* 玉米粉 ············· 15 克
* 蛋黃 ················115 克

B 蛋白霜

* 蛋白 ················220 克
* 細砂糖 ··············125 克

* 鹽 ··················· 1 克

C 裝飾用（淋面用）

* 巧克力餅乾碎 ······ 20 克
* 巧克力豆 ··········· 20 克
* 熟杏仁角 ··········· 12 克
* 防潮糖粉 ············· 適量

作法

製作可可蛋黃糊

1 將材料A中的熱水、可可粉、小蘇打粉、沙拉油及巧克力醬倒入攪拌盆並以打蛋器攪拌均勻。

2 加入蛋黃並攪拌均勻。

製作蛋白霜

3 將低筋麵粉以及玉米粉過篩加入，攪拌至光滑無麵粉顆粒狀即為可可蛋黃糊。

4 將蛋白倒入攪拌盆裡，以高速攪拌蛋白直至出現白色泡沫。

5 加入細砂糖及鹽，繼續攪拌。

製作蛋糕糊

6 將蛋白霜攪拌至濕式打發，此時再改用中速攪拌約1分鐘即完成蛋白霜。

7 取蛋白霜1/3份量加入可可蛋黃麵糊中，以橡皮刮刀由下往上輕柔翻拌均勻。

8 將可可蛋黃糊倒入剩餘蛋白霜中輕柔拌勻至顏色一致。

9 將製作好的蛋糕糊倒入鋪有烘焙紙的烤盤中，用半圓軟刮板將麵糊抹平。

10 拿起裝有蛋糕糊的烤盤於桌面輕敲幾下，使麵糊內的氣泡浮出。接著送入烤箱以上火180度，下火140度烤15～19分鐘。

11 取出烤好的蛋糕，手持烤盤輕輕敲桌面數下讓熱氣散出，另取乾淨烘焙紙放桌面，將蛋糕體有烤色的那一面朝下，放在乾淨烘焙紙上。

12 利用兩張烘焙紙將蛋糕翻面，並待冷卻後撕下原本烤盤內墊的烘焙紙。

13 甘納許內餡放上蛋糕表面，並以抹刀抹平。（作法如後）

TIPS

1. 濕式打發的判斷方式為，舉起打蛋器時，蛋白霜尖端微微垂下即可。

2. 蛋糕糊拌至顏色均勻即可，過度攪拌會導致蛋白霜消泡喔。

3. 若沒有烘焙紙，也可用白報紙取代。

4. 一顆中型蛋約55克，蛋黃18克，蛋白36克。

15 蛋糕卷整個放入冰箱,冷藏約30分鐘後,即可取出。

14 於蛋糕前端用抹刀橫向平行輕劃3刀,接著將擀麵棍墊在烘培紙下方,以邊拉烘焙紙邊將蛋糕往前捲的方式進行,一段一段輕壓再往前捲起,捲完時蛋糕的收口需朝下。

裝飾蛋糕淋面

16 將預留的巧克力甘納許均勻淋上蛋糕卷表面。

17 巧克力餅乾碎、巧克力豆、熟杏仁角均勻撒上,最後將防潮糖粉過篩撒上即完成。

製作甘納許內餡
- 鮮奶 ⋯⋯⋯⋯⋯ 90 克
- 動物性鮮奶油 ⋯ 115 克
- 苦甜巧克力 ⋯⋯ 300 克
（請保留 2/3 為淋面使用）

甘納許內餡作法

1 將鮮奶、動物性鮮奶油、苦甜巧克力放入鍋內,以小火加熱至50度。

2 巧克力融化後關火,用刮刀攪拌均勻至有光澤。1/3為內餡,2/3保持50度備用。

熔岩巧克力蛋糕

份量：6個 （馬芬蛋糕杯）

烤箱設定

 預熱

- 上下火 170 度

烘烤

- 上下火 170 度烤 18 ～ 20 分鐘

材料

- 75% 深黑巧克力磚110 克
- 無鹽奶油 ……110 克
- 蛋黃 ………………… 3 顆

- 低筋麵粉 ………… 75 克
- 可可粉 ……… 25 克
- 咖啡甜酒………… 5 克

- 蛋白 ……………… 3 顆
- 細砂糖 ………… 60 克
- 甘納許內餡 …… 14 克

作法

1 將無鹽奶油、深黑巧克力磚隔水加熱至巧克力磚融化並拌勻。

2 將蛋黃及咖啡甜酒加入並拌勻成可可蛋黃糊。

3 低筋麵粉及可可粉過篩，加入可可蛋黃糊中拌勻。

4 將蛋白用攪拌機以高速攪拌到出現白色泡沫，即為蛋白霜。

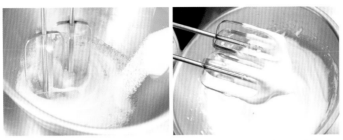

5 將細砂糖分次加入作法4的蛋白霜，持續攪拌至舉起打蛋器時蛋白霜尖端微微垂下，改用中速攪拌約1分鐘。

6 蛋白霜取1/3份量加入可可蛋黃糊中，以橡皮刮刀由下往上翻拌均勻。

7 將剩下蛋白加入拌勻的可可蛋黃糊中，繼續拌勻至顏色均勻。

8 在蛋糕杯中擠入1/2高的麵糊，接著擠入適量甘納許內餡，再擠入另一半麵糊，將蛋糕杯裝約9分滿。

9 蛋糕杯裝好麵糊後，放入預熱好的烤箱中，以上下火170度，烤18～20分鐘，即可取出待稍微降溫脫模。

TIPS

- 甘納許內餡作法請參考P.36

乳香芋泥卷

 份量：一卷（34×24公分烤盤）

烤箱設定

預熱

● 上火 190 度，下火 150 度

烘烤

● 上火 190 度，下火 150 度
　烤 15 ～ 19 分鐘

材料

A 蛋黃糊

● 蜂蜜 ················· 15 克
● 鮮奶 ················· 65 克
● 沙拉油 ············· 78 克

● 低筋麵粉 ··········· 98 克
● 玉米粉 ············· 18 克
● 蛋黃 ···············118 克

B 蛋白霜

● 蛋白 ···············235 克
● 細砂糖 ·············135 克
● 鹽 ················· 0.5 克

作法

製作蛋黃糊

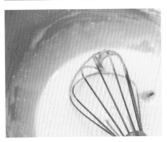

1 將蛋黃糊材料中的液態材料；蛋黃、蜂蜜、鮮奶、沙拉油以及倒入攪拌盆並以打蛋器攪拌均勻。

2 將低筋麵粉及玉米粉過篩後加入，攪拌至光滑無麵粉顆粒感。

製作蛋白霜

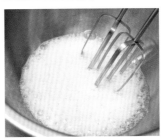

3 將蛋白倒入攪拌盆裡，以高速攪拌蛋白至出現白色泡沫。

製作蛋糕糊

4 將打至起泡的蛋白霜加入細砂糖及鹽,繼續攪拌。

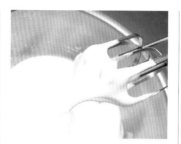

5 將蛋白霜攪拌至舉起打蛋器時,蛋白霜尖端微微垂下,此時再改用中速攪拌約1分鐘即完成蛋白霜。

6 取蛋白霜1/3份量加入蛋黃麵糊中,以橡皮刮刀由下往上翻拌均勻。再將剩下的蛋白霜加入拌勻的麵糊中,繼續拌勻至顏色一致。

7 將製作好的麵糊倒入鋪有烘焙紙的烤盤中,用半圓軟刮板將麵糊抹平,再拿起裝有麵糊的烤盤於桌面輕敲幾下,使麵糊內的氣泡浮出。

8 烤盤送入烤箱以上火190度,下火150度烤15~19分鐘。

 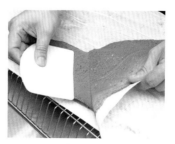

9 取出烤好的蛋糕,手持烤盤輕輕敲桌面數下讓熱氣散出,另取乾淨烘焙紙放桌面,將蛋糕體有烤色的那一面朝下,放在乾淨烘焙紙上。

10 利用兩張烘焙紙將蛋糕翻面,並待冷卻後撕下原本烤盤內墊的烘焙紙。

11 於蛋糕表面放上芋泥奶霜，並以抹刀抹平。

12 於蛋糕前端用抹刀輕劃3刀，每刀距離約1公分，約蛋糕的1/3深度即可。

13 接著將擀麵棍墊在烘焙紙下方，以邊拉烘焙紙邊將蛋糕往前捲的方式進行，一段一段輕壓再往前捲起，捲完時蛋糕的收口需朝下。

14 蛋糕卷整個放入冰箱，冷藏約30分鐘後，即可取出切片。

製作芋泥奶霜餡
- 蒸熟芋頭 ………… 250 克
- 細砂糖 …………… 25 克
- 無鹽奶油 ………… 40 克
- 動物性鮮奶油 …… 50 克

芋泥奶霜餡作法

1 芋頭趁熱壓泥，加入細砂糖及無鹽奶油拌至無顆粒且呈現泥狀。

2 動物性鮮奶油打發後加入芋泥中拌勻備用。

焦糖布丁蛋糕

份量：約6個
（10.5×3.7公分布丁鋁製模型）

烤箱設定

🧪 預熱

• 上下火 200 度

🕐 烘烤

• 上下火 200 度烤 10 分鐘，上下火降成 170 度，再烤 35 ～ 38 分鐘。

材料

A 焦糖
• 細砂糖 ················ 95 克
• 水 ····················· 15 克

B 果凍液
• 水 ····················380 克
• 細砂糖 ·············· 50 克
• 果凍粉 ·············· 18 克

C 布丁液

• 水 ····················220 克
• 細砂糖 ···············165 克
• 鮮奶 ··················400 克
• 動物性鮮奶油 ······100 克
• 全蛋 ··················500 克
• 香草醬 ················· 3 克

D 戚風蛋糕體
• 鮮奶 ················· 80 克

• 奶油 ················ 85 克
• 低筋麵粉 ·········· 95 克
• 蛋黃 ················140 克
• 香草酒 ·············· 10 克
• 蛋白 ················290 克
• 細砂糖 ···············140 克
• 檸檬汁 ·················· 5 克

作法

製作焦糖果凍液

1 材料A中的細砂糖和水加在一起，以小火煮沸。

2 煮到糖水至焦黃色冒煙就可離火。

3 將材料B的水380克慢慢由鍋邊加入，再以小火煮沸。

4 將材料B的果凍粉和細砂糖混合攪拌均勻，慢慢倒入鍋中，並用打蛋器邊攪拌邊用小火煮至糖融化，就可離火。

5 煮好的焦糖果凍液，平均倒入布丁烤模內，待其冷卻結成凍狀備用。

B製作布丁液

6 材料C中的水和細砂糖放入鍋中用小火煮融後離火，並倒入鮮奶攪拌均勻。

7 全蛋打散後和香草醬以及動物性鮮奶油一起加入鍋糖中攪拌均勻，再過濾成布丁液。

製作戚風蛋糕

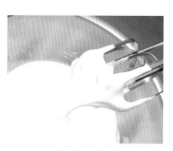

8 材料D的鮮奶和奶油用小火加熱至約60度。接著將低筋麵粉過篩加入並攪拌均勻。再倒入蛋黃、香草酒並攪拌均勻成蛋黃麵糊。

9 另起一盆，將蛋白倒入攪拌盆中再加入檸檬汁打至粗泡產生。

10 加入一半砂糖，打至氣泡細緻，再加入另一半砂糖，再攪拌至舉起打蛋器時蛋白霜尖端微微垂下，改用中速攪拌約1分鐘，為蛋白霜。

11 將蛋白霜與作法8 的蛋黃麵糊拌合後 裝入擠花袋內。

12 將布丁液倒入已結凍的焦糖果凍上，裝至約6分 滿。

13 將擠花袋中的麵糊由旁邊往中間擠於布丁液上，可 裝至滿。

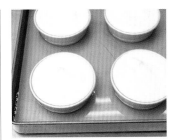

14 預熱好的烤箱以上 下火200度，隔熱 水烤。約10分後，上下火 降成170度，再烤35～38 分鐘，取出放涼。

15 脫模時，用小刀刮模邊一圈，再倒扣至盤上即 可。

TIPS

- 一顆中型蛋約55克，蛋黃 18克，蛋白36克。

經典布朗尼蛋糕

份量 30×30公分烤盤1塊

烤箱設定

 預熱

- 上火 170 度，下火 180 度

烘烤

- 上火 170 度，下火 180 度烤 40 分鐘

材料

- 無鹽奶油 ……………440 克
- 細砂糖 ………………595 克
- 全蛋 …………………480 克
- 75% 苦甜巧克力 340 克

- 低筋麵粉 …………163 克
- 可可粉 …………… 60 克
- 杏仁粉 ………… 75 克
- 小蘇打粉 …………… 1 克

- 香蕉 ………………150 克
- 蜜核桃 …………400 克

裝飾

- 防潮糖粉 …………… 少許

作法

1 核桃切碎，香蕉切片備用。

2 苦甜巧克力切碎後放入小鍋中，以隔水加熱方式使其充分融化，將外鍋水溫度保持在50度備用。

TIPS

- 隔水加熱可以用小火煮水，放上裝有巧克力的盆子，慢慢拌至巧克力融化，之後就可以用最小火保溫。

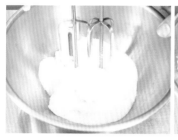

3 另起一鍋將奶油與細砂糖一起攪拌至微發呈現羽絨狀，即為奶油霜。

4 將全蛋分次加入奶油霜，並攪拌至完全均勻。

5 將作法2的融化巧克力慢慢加入奶油霜中並拌勻。

6 再加入切好的香蕉片及碎蜜核桃，並攪拌至香蕉成碎顆粒狀。

7 將低筋麵粉、可可粉、杏仁粉以及小蘇打粉混合在一起過篩加入，並攪拌均勻。

8 倒入鋪好烤盤紙的烤盤中，用半圓軟刮板抹平。

9 整個拿起並在桌子上輕敲幾次,以利大氣泡浮出,再以上火170度,下火180度,烘烤40分鐘。

10 取出後待降溫,可用小刀於模邊沿著劃一圈,再倒扣脫模。

11 於表面灑上少許防潮糖粉,增加風味即可。

TIPS

- 布朗尼建議切成5x5 正方形,先冷藏再拿出來會比較好切,且用平刀切而不要用鋸齒刀,才不會有鋸齒紋路產生,保持切口的平整。
- 一顆中型蛋約55 克,蛋黃18 克,蛋白36 克。

Chapter 03

經典餅乾類

手工餅乾容易保存，製作簡單，只要簡單幾
種材料，就能變化出各種不同口味，簡單包
裝就能美觀又大方，是伴手禮的不敗選擇。

Handmade

杏仁脆片

 份量：30片

烤箱設定

 預熱

● 上火 180 度，下火 170 度

🕐 **烘烤**

● 上火 180 度，下火 170 度烤 13~15 分鐘

材料

● 蛋白 ⋯⋯⋯⋯⋯ 70 克
● 細砂糖 ⋯⋯⋯⋯ 80 克

● 低筋麵粉 ⋯⋯⋯⋯ 20 克
● 無鹽奶油 ⋯⋯⋯⋯ 17 克

● 生杏仁片 ⋯⋯⋯⋯120 克

作法

1 蛋白加入細砂糖，用打蛋器輕輕攪拌至糖融化，可稍微起泡但請勿打至蛋白變白色。

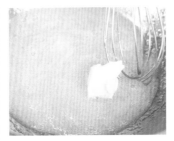

2 可用手指觸摸確認糖是否已融化。確認後將融化的無鹽奶油，加入蛋白中攪拌均勻。

3 低筋麵粉過篩後加入，均勻攪拌成麵糊。

TIPS

● 一顆中型蛋約55 克，蛋黃18 克，蛋白36 克。
● 蛋白不可打至過白，不然會使餅乾過於鬆脆而斷裂喔。

4 用篩網將麵糊過篩，除去未溶解的低筋麵粉，過篩後將麵糊靜置15分鐘。

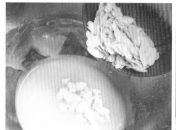

5 將杏仁片倒入麵糊中，再以橡皮刮刀輕輕拌勻，小心不要將杏仁片壓碎。

6 用湯匙將杏仁麵糊舀至不沾烤盤上，餡料與餡料間要隔一小段距離，不可黏在一起。

7 拿湯匙將杏仁片撥開平鋪，不可重疊。

8 烤箱用上火180度下火170度烤13～15分鐘即可。

TIPS

● 靜置麵糊可讓糖和低筋麵粉更好的融合在一起，更均勻，風味更好。

南瓜子脆片

份量：30片

烤箱設定

 預熱
- 上火 180 度，下火 170 度

🕐 **烘烤**
- 上火 180 度，下火 170 度烤 13 ～ 15 分鐘

🦐 材料
- 蛋白 ……………… 70 克
- 細砂糖 …………… 80 克
- 低筋麵粉 ………… 12 克
- 玉米粉 …………… 10 克
- 無鹽奶油 ………… 17 克
- 生南瓜子 …………140 克

作法

1 蛋白加入細砂糖，用打蛋器輕輕攪拌至糖融化，可稍微起泡但請勿打至蛋白變白色。

2 可用手指觸摸確認糖是否已融化。確認後將融化的無鹽奶油，加入蛋白中攪拌均勻。

3 低筋麵粉、玉米粉過篩後加入，均勻攪拌成麵糊。

4 用篩網將麵糊過篩，除去未溶解的低筋麵粉，過篩後將麵糊靜置15分鐘。

5 將生南瓜子倒入麵糊中，再以橡皮刮刀輕輕拌勻，小心不要將生南瓜子壓碎。

6 用湯匙將南瓜子麵糊舀至不沾烤盤上，餡料與餡料間要隔一小段距離，不可黏在一起。

7 拿湯匙將南瓜子片撥開平鋪，不可重疊。

8 烤箱用上火180度，下火170度烤13～15分鐘即可。

TIPS

- 脆片類餅乾鋪得愈平，烤完後會愈脆。
- 同 杏仁脆片的tips，南瓜子脆片一樣要注意喔。

巧克力夾心餅

烤箱設定

 預熱

• 上下火 170 度

 烘烤

• 上下火 170 度烤 11 分鐘

材料

A 餅乾

- 無鹽奶油 ⋯⋯⋯155 克
- 糖粉 ⋯⋯⋯⋯⋯115 克
- 雞蛋 ⋯⋯⋯⋯⋯⋯⋯ 1 顆
- 低筋麵粉 ⋯⋯⋯⋯225 克
- 可可粉 ⋯⋯⋯⋯⋯ 20 克
- 牛奶 ⋯⋯⋯⋯⋯ 20 克

B 內餡

- 非調溫巧克力 ⋯⋯⋯適量

作法

 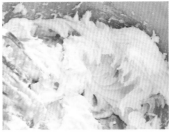

1 將材料A的奶油及糖粉攪拌至羽絨狀。

2 再加入全蛋攪拌均勻至看不出蛋液,即為奶油霜。

3 將低筋麵粉及可可粉過篩放入奶油霜中混合成麵糊。

4 用橡皮刮刀輕輕把麵糊拌勻,再將牛奶慢慢倒入並混合均勻。

6 將擠好的餅乾麵糊放入
預熱好的烤箱中，以上
下火170度烤11分鐘，出爐
放涼備用。

5 在擠花袋中放入星型花嘴，裝入麵糊，在烤盤上保持一
定間隔，擠出馬蹄形狀。

7 將材料B的巧克力壓碎
後隔水加熱至巧克力融
化成巧克力醬，再將一半的
巧克力醬放入三角擠花袋
中。

8 將冷卻的巧克力餅翻面，再將巧克力醬擠在巧克力餅乾
上，蓋上另一片巧克力餅靜置5分鐘。

9 將定型的巧克力餅乾，
沾上融化的巧克力醬，
排在烘焙紙上冷卻，至巧克
力醬凝固即可完成。

貝殼白巧克力夾心餅

份量 : 36片

烤箱設定

 預熱

● 上下火 170 度

 烘烤

● 上下火 170 度烤 11 分鐘

材料

A 餅乾

● 無鹽奶油 ⋯⋯⋯⋯155 克

● 糖粉 ⋯⋯⋯⋯⋯⋯115 克

● 全蛋 ⋯⋯⋯⋯⋯⋯⋯ 1 顆

● 低筋麵粉 ⋯⋯⋯⋯240 克

● 牛奶 ⋯⋯⋯⋯⋯⋯ 20 克

B 內餡

● 非調溫白巧克力 ⋯⋯ 適量

作法

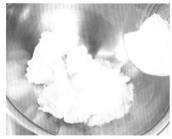

1 將材料A的奶油及糖粉攪拌至羽絨狀。

2 將全蛋分2次加入攪拌均勻至看不出蛋液,即為奶油霜。

3 將低筋麵粉過篩加入奶油霜中混合成麵糊。

4 用橡皮刮刀輕輕把麵糊拌勻,再將牛奶慢慢倒入並混合均勻。

6 將擠好的餅乾麵糊放入預熱好的烤箱中，以上下火170度烤11分鐘，出爐放涼備用。

5 在擠花袋中放入星型花嘴，裝入麵糊，在烤盤上保持一定間隔，擠出貝殼形狀。

7 將材料B的白巧克力壓碎後隔水加熱至白巧克力融化，再將一半的白巧克力醬加入三角擠花袋中。

8 將冷卻的貝殼餅翻面，再將白巧克力醬擠在貝殼餅乾上，蓋上另一片貝殼餅靜置5分鐘。

9 將冷卻的貝殼餅乾沾上融化的白巧克力醬，排在烘焙紙上冷卻，至白巧克力醬凝固即可完成。

TIPS

• 非調溫巧克力只需隔水加熱至45度，即可使用。調溫巧克力需要經「升溫、降溫、升溫」的步驟，可可脂才可穩定凝固有光澤。在烘培材料行購買時買非調溫的即可使用。

巧克力糖酥餅

 : 48片

烤箱設定

 預熱

● 上下火 170 度

 烘烤

● 上下火 170 度烤 18 ～ 20 分鐘

材料

● 發酵奶油 …………135 克
● 糖粉 ……………… 85 克
● 蛋黃 ……………… 1 顆

● 低筋麵粉 …………100 克
● 杏仁粉 …………… 50 克
● 可可粉 …………… 20 克

● 杏仁碎片 ………… 43 克
裝飾
● 砂糖 ………………適量

作法

1 將發酵奶油及糖粉打發至羽絨狀，。

2 將 蛋 黃 分2次 加 入 攪拌，每次都需攪拌均勻至看不出蛋液，即為奶油霜。

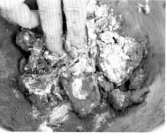

3 將低筋麵粉、杏仁粉及可可粉過篩，放入奶油霜中混合成麵糊。

4 將捏碎的杏仁片拌入麵團中，在桌上輕輕揉成直徑3公分的長圓柱狀，將裝飾用砂糖平均沾在麵團上，再用烤焙紙將麵團捲起並整型修飾，接著放入冷凍庫定型1小時。

6 預熱好的烤箱以上下火170度烤18～20分鐘即可以出爐。

5 將定型麵團取出撕開烘焙紙，以0.8公分厚度切成圓片狀，放在烤盤上。

草莓糖酥餅

A GIFT
just for you
TODAY
is a special day

：55片

烤箱設定

 預熱

- 上下火 170 度

 烘烤

- 上下火 170 度烤 15 ～ 18 分鐘

 材料

- 發酵奶油…………130 克
- 糖粉………………80 克
- 蛋黃………………1 顆
- 杏仁粉……………45 克
- 低筋麵粉…………122 克
- 杏仁碎片…………40 克
- 鹽…………………0.5 克

裝飾

- 草莓果醬……………適量

作法

1 將發酵奶油及糖粉打發至羽絨狀。

2 將蛋黃分2次加入攪拌，每次都需攪拌均勻至看不出蛋液，即為奶油霜。

3 將低筋麵粉、杏仁粉和鹽過篩後加入奶油霜中混合成麵糊，以手或軟刮刀輕輕拌勻。

4 將捏碎的杏仁片拌入麵團中。

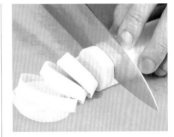

5 在桌上輕輕揉成直徑3公分的長圓柱狀,用烤焙紙將麵團捲起並整型修飾,接著放入冷凍庫定型1小時。

6 將定型麵糰取出撕開烘焙紙,以0.8公分厚度切成圓片狀,放在烤盤上。

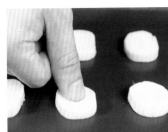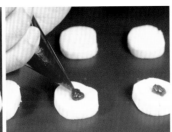

7 在切好圓片麵團中間用手指輕壓一個凹槽,擠上一點草莓果醬。

8 放入烤箱以上下火170度烤18~20分鐘即可以出爐。

TIPS

● 草莓果醬可裝入三角擠花袋,開口剪0.5公分後擠出在餅乾上。

香草糖酥餅

 ：55片

烤箱設定

🥄 **預熱**
- 上下火 170 度

⏲ **烘烤**
- 上下火 170 度烤 15～18 分鐘

 材料

- 發酵奶油 …………130 克
- 糖粉 ……………… 80 克
- 蛋黃 ……………… 1 顆
- 低筋麵粉 …………122 克
- 杏仁粉 …………… 45 克
- 香草莢醬 ………… 2 克
- 杏仁碎片 ………… 40 克
- 鹽 ………………… 0.5 克
- 裝飾用砂糖 …………適量

作法

1 將奶油及糖粉打發至羽絨狀。

2 將蛋黃分2次加入攪拌，每次都需攪拌均勻至看不出蛋液，即為奶油霜。

3 將低筋麵粉、杏仁粉和鹽過篩放入奶油霜中混合成麵糊，再加進香草莢醬以手或軟刮刀輕輕拌勻。

4 將捏碎的杏仁片拌入麵團中，在桌上輕輕揉成直徑3公分的長圓柱狀。

5 將裝飾用砂糖平均沾在麵團上，再用烤焙紙將麵團捲起並整型修飾，接著放入冷凍庫定型1小時。

7 預熱好的烤箱以上下火170度烤15～18分鐘即可以出爐。

6 將定型麵團取出撕開烘焙紙，以0.8公分厚度切成圓片狀，放在烤盤上。

核桃小酥餅

份量：約30塊

烤箱設定

 預熱

- 上火 180 度，下火 160 度

🕐 烘烤

- 上火 180 度，下火 160 度烤
  18 ～ 20 分鐘

材料

- 全蛋 ⋯⋯⋯⋯⋯ 30 克
- 細砂糖 ⋯⋯⋯⋯⋯150 克
- 小蘇打 ⋯⋯⋯⋯⋯ 3 克

- 泡打粉 ⋯⋯⋯⋯⋯2 克
- 奶油 ⋯⋯⋯⋯⋯150 克
- 低筋麵粉 ⋯⋯⋯⋯300 克

裝飾

- 核桃 ⋯⋯⋯⋯⋯ 30 克

作法

1 全蛋、細砂糖、小蘇打加在一起且攪拌均勻成蛋糊。

2 將軟化的奶油加入蛋糊中且拌勻。

 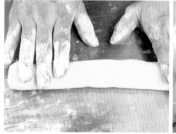 

3 再將低筋麵粉及泡打粉過篩加入，攪拌均勻。

4 將拌好的麵團分割成每顆約20克小圓球，排列在烤盤中。

6 放入烤箱以上火180度，下火170度烤18分～20分鐘，餅乾呈金黃色後即可取出放涼。

5 用拇指在小麵團中間壓一個小凹槽，放上一塊核桃仁再用手指輕壓固定。

TIPS
- 作法2中的奶油，可以用微波加熱或是隔水加熱的方式來軟化。

杏仁奶酥餅

：45片

烤箱設定

 預熱

• 上下火 170 度

 烘烤

• 上下火 170 度烤 9 分鐘

材料

- 發酵奶油 ………… 82 克
- 糖粉 ……………… 32 克
- 鹽 ………………… 0.5 克
- 全蛋 ……………… 30 克
- 低筋麵粉 …………110 克
- 杏仁粉 …………… 25 克
- 香草粉 …………… 2 克

裝飾
- 果醬 ………………適量

作法

1 將發酵奶油及糖粉攪拌至羽絨狀。

2 將蛋分2次加入攪拌，每次都需攪拌均勻至看不出蛋液，即為奶油霜。

3 將低筋麵粉、杏仁粉和鹽及香草粉過篩放入奶油霜中混合成麵糊，並以軟刮刀輕輕拌勻。

4 將星型花嘴裝入擠花袋後，再將麵糊填入擠花袋內，在烤盤上擠出圓型螺旋花紋狀，麵糊間隔需保持2.5公分以上。

5 麵糊中央擠一點裝飾用果醬備烤。

6 烤箱以170度烘焙9分鐘，烤至金黃色後可出爐，冷卻後取下。

TIPS

- 果醬的風味可依自己喜好做調整。

Chapter 04

酥脆塔皮類

可愛小巧的塔皮能搭配各式內餡，酸甜滋味
檸檬塔，誠意滿點堅果塔，甜蜜蜜草莓杏仁
塔，每種都可愛的讓人捨不得一口咬下。

綜合堅果塔

份量：24個

烤箱設定

 預熱

• 上下火 200 度

 烘烤

• 上下火 200 度，烤 10 ～ 12 分鐘

材料

A 塔皮
- 低筋麵粉 ……… 400 克
- 糖粉 …………… 145 克
- 奶油 ……… 240 克
- 鹽 ……………… 1 克

- 全蛋 ……………… 1 顆
B 內餡
- 砂糖 …………… 120 克
- 蜂蜜 …………… 150 克
- 發酵奶油 ……… 32 克

- 動物性鮮奶油 …… 55 克
- 蔓越莓碎丁 …… 40 克
- 熟綜合堅果 ……… 520 克

作法

製作塔皮

1 塔皮製作方式請參考 P14～15，食譜配方請參考本頁塔皮材料。

2 預熱好烤箱以上下火 200度，烘焙10分鐘後取出放涼，脫模備用。

製作內餡

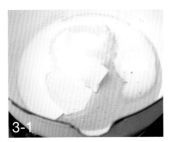

3-1

3 將內餡材料的砂糖、蜂蜜、發酵奶油及動物鮮

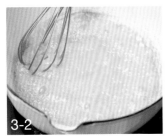

3-2

奶油一起放入鍋中，煮至濃稠關火。

4 將熟堅果及蔓越莓碎丁拌入，拌均勻後填入塔皮內即可。

TIPS
- 因為使用熟的堅果，填完餡即可食用，不需再烤喔！

巧克力花生小塔

 份量：24個

烤箱設定

預熱

● 上下火 200 度

烘烤

● 上下火 200 度，烤 10 ～ 12 分鐘

材料

A 塔皮

● 低筋麵粉 ………… 380 克
● 糖粉 ………… 145 克

● 發酵奶油 ………… 225 克
● 全蛋 ………… 40 克
● 鹽 ………… 2 克

B 內餡

● 熟花生 ………… 500 克
● 非調溫牛奶巧克力 250 克

作法

製作塔皮

1 塔皮製作方式請參考 P14 ～15，食譜配方請參考本頁塔皮材料。

2 預熱好烤箱以上下火 200度，烘焙10分鐘後取出放涼，脫模備用。

製作內餡

3 將非調溫牛奶巧克力隔水融化。

4 拌入熟花生，拌均勻後填入塔皮內即可。

草莓杏仁塔

份量：9個

烤箱設定

預熱
- 上下火 180 度

烘烤
- 上下火 180 度，烤 30 ～ 32 分鐘

材料

A 塔皮
- 低筋麵粉 ⋯⋯⋯⋯ 160 克
- 糖粉 ⋯⋯⋯⋯⋯ 65 克
- 奶油 ⋯⋯⋯⋯⋯ 35 克
- 鹽 ⋯⋯⋯⋯⋯⋯ 1 克

- 全蛋 ⋯⋯⋯⋯⋯ 40 克
- 泡打粉 ⋯⋯⋯⋯ 1 克

B 杏仁內餡
- 奶油 ⋯⋯⋯⋯⋯ 75 克
- 糖粉 ⋯⋯⋯⋯⋯ 75 克

- 杏仁粉 ⋯⋯⋯⋯ 85 克
- 全蛋 ⋯⋯⋯⋯⋯ 2 顆

C 裝飾
- 草莓果醬 ⋯⋯⋯⋯ 適量

作法

製作塔皮

1 塔皮製作方式請參考 P14～15，食譜配方請參考本頁塔皮材料。

製作內餡

2 將餡料配方中的奶油軟化，加入糖粉、杏仁粉、全蛋攪拌均勻，即為杏仁內餡。

3 將杏仁內餡倒入塔皮中，約9分滿即可。

4 放入烤箱以上下火180度烤30～32分鐘後，取出後於塔中間擠入少許草莓醬即可。

香橙乳酪塔

烤箱設定

 預熱

• 上下火 200 度

 烘烤

• 上下火 200 度，烤 2 分鐘

材料

A 塔皮

- 低筋麵粉 ⋯⋯⋯⋯140 克
- 糖粉 ⋯⋯⋯⋯⋯ 35 克
- 奶油 ⋯⋯⋯⋯⋯ 35 克
- 全蛋 ⋯⋯⋯⋯⋯ 35 克
- 泡打粉 ⋯⋯⋯⋯⋯ 1 克
- 鹽 ⋯⋯⋯⋯⋯⋯ 1 克

B 乳酪餡

- 奶油乳酪 ⋯⋯⋯⋯300 克
- 砂糖 ⋯⋯⋯⋯⋯ 30 克
- 全蛋 ⋯⋯⋯⋯⋯ 20 克
- 蜜橙皮絲 ⋯⋯⋯ 10 克
- 柳橙汁 ⋯⋯⋯⋯ 15 克
- 檸檬汁 ⋯⋯⋯⋯ 10 克
- 裝飾用蜜橙皮絲 ⋯⋯適量

作法

製作塔皮

1 塔皮製作方式請參考 P14 ～15，食譜配方請參考本頁塔皮材料。

2 預熱好烤箱以上下火200度，烘焙10分鐘後取出放涼，脫模備用。

製作內餡

3 將奶油乳酪隔水加熱後，加入砂糖、柳橙汁、檸檬汁和全蛋以及蜜橙皮絲，拌均勻後裝入三角擠花袋並填入塔皮內。

4 最後放上剩餘蜜橙皮絲裝飾。

5 烤箱上下火200度，回烤2分鐘後，即可取出放涼脫模。

半熟乳酪塔

份量：12個

烤箱設定

預熱

- 上下火 200 度

烘烤

- 上下火 200 度，烤 10 ～ 12 分鐘

材料

A 塔皮

- 低筋麵粉 ………180 克
- 糖粉 …………110 克
- 奶油 ……………… 50 克
- 杏仁粉 …………… 50 克

- 蛋黃 ………………… 2 顆

B 內餡

- 奶油乳酪 …………350 克
- 細砂糖 …………… 70 克
- 動物鮮奶油 ………100 克

- 牛奶 …………… 60 克
- 玉米粉 ………… 28 克
- 檸檬汁 ………… 10 克
- 檸檬皮末 …………少許
- 裝飾用蛋黃液 ……… 適量

作法

製作塔皮

1 塔皮製作方式請參考 P14 ～15，食譜配方請參考本頁塔皮材料。

2 預熱好烤箱以上下火 200度，烘焙10分鐘後取出放涼，脫模備用。

製作內餡

3 將乳酪內餡配方中的砂糖、奶油乳酪攪拌均勻，再加入動物鮮奶油、牛奶，再次攪拌均勻。

4 最後加入玉米粉、檸檬汁、檸檬皮末，攪拌均勻後裝入三角擠花袋，擠入烤熟的塔杯中，放冷凍30分鐘讓乳酪變硬。

5 取出後表面輕輕擦上蛋黃液，再以上火 230度下火180度，回烤至表面蛋黃呈現金黃色即可。

TIPS

- 最後請調高溫度至上火230下火180 回烤，時間5 ～8 分鐘，以蛋黃表層烤上色為主。

迷你檸檬小塔

 份量：7個

烤箱設定

 預熱

• 上下火 200 度

 烘烤

• 上下火 200 度，烤 10 分鐘

材料

A 塔皮

- 低筋麵粉 …………110 克
- 糖粉 ……………… 36 克
- 奶油 ……………… 60 克

- 全蛋 ……………… 25 克
- 鹽 ……………… 0.5 克

B 檸檬餡

- 全蛋 ……………… 50 克

- 砂糖 ……………… 48 克
- 檸檬汁 …………… 48 克
- 奶油 ……………… 60 克
- 檸檬皮 ……………適量

作法

製作塔皮

1 塔皮製作方式請參考 P14～15，食譜配方請參考本頁塔皮材料。

2 預熱好烤箱以上下火 200 度，烘焙 10 分鐘後取出放涼脫模備用。

製作檸檬餡

3 雞蛋加砂糖攪拌均勻後，加入檸檬汁，以隔

3-2

水加熱方法讓餡料稍微凝固就離火。

4 將奶油分次加入檸檬餡中，攪拌均勻，趁熱倒入塔杯中，裝飾少許檸檬皮，放進冰箱靜置，1 小時後就可享用。

莓果乳酪塔

份量：6吋圓形模1個

烤箱設定

 預熱

● 上火 160 度，下火 110 度

 烘烤

● 上火 160 度，下火 110 度烤 35 分鐘

🦐 材料

A 底層餅乾層
- 消化餅 ⋯⋯⋯⋯ 60 克
- 奶油 ⋯⋯⋯⋯⋯ 30 克
- 食用油 ⋯⋯⋯⋯⋯適量

B 內餡
- 奶油乳酪 ⋯⋯⋯⋯300 克
- 動物性鮮奶油 ⋯⋯ 10 克
- 砂糖 ⋯⋯⋯⋯⋯ 30 克

- 全蛋 ⋯⋯⋯⋯⋯⋯ 1 顆
- 檸檬汁 ⋯⋯⋯⋯⋯ 5 克
- 蔓越莓乾 ⋯⋯⋯ 25 克
- 藍莓果醬 ⋯⋯⋯⋯適量

🥖 作法

製作塔皮

1 準備一個6吋固定蛋糕模，內部周圍擦上薄薄的食用油，並在底部放上一張圓型烤焙紙。

2 將消化餅乾壓成粉，將奶油融化成液態跟餅乾粉拌勻。

3 倒入蛋糕模後用叉子壓平，放冰凍庫備用。

製作內餡

4 奶油乳酪放室溫軟化，接著加入砂糖攪拌均勻，再加入動物性鮮奶油、全蛋、檸檬汁及蔓越莓乾攪拌均勻。

6 將冷凍庫中的蛋糕模取出，並將製作內餡倒入。

7 放入烤箱以上火160度，下火110度，烤約35分鐘即可取出放涼。

8 放涼後於最上層加上一層藍莓果醬，接著放入冷凍庫冷凍1小時以上，即可享用。

中式酥皮類

逢年過節伴手禮怎能少了中式酥餅類？百吃不膩的蛋黃酥、太陽餅等，是永不退流行的熱門選擇。

蛋黃酥

 份量：12顆

烤箱設定

 預熱

● 上火 200 度，下火 190 度

🕐 **烘烤**

● 上火 200 度，下火 190 度烤 25 分鐘

材料

A 油皮

● 中筋麵粉 ⋯⋯⋯⋯120 克
● 細砂糖 ⋯⋯⋯⋯⋯ 21 克
● 無水奶油 ⋯⋯⋯⋯ 45 克
● 冰水 ⋯⋯⋯⋯⋯⋯ 54 克

● 奶粉 ⋯⋯⋯⋯⋯⋯ 3 克
B 油酥
● 低筋麵粉 ⋯⋯⋯⋯110 克
● 無水奶油 ⋯⋯⋯⋯ 55 克
C 內餡

● 烏豆沙 ⋯⋯⋯⋯⋯180 克
● （熟） 鹹蛋黃 ⋯ 12 顆
D 裝飾
● 蛋黃液 ⋯⋯⋯⋯⋯適量
● 黑芝麻粒 ⋯⋯⋯⋯適量

作法

油皮製作

1 油皮製作方式請參考 P16，食譜配方請參考本頁油皮材料。將油皮分割成每個重量20克備用。

油酥製作

2 油酥製作步驟請參考 P17，將油酥分割成每顆12克備用。

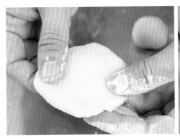

3 將油酥包入油皮內，收口朝上。

4 用擀麵棍稍微壓平擀開成12公分左右的長橢圓形。

5 從下方往上折至中間，再從上方折到底，呈現三摺狀態。

6 將麵皮轉90度，再次將麵皮擀成長橢圓形。

7 再重複1次三折動作，接著放置10分鐘鬆弛。

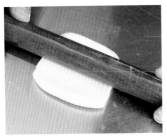

8 醒好的麵皮用擀麵棍輕輕壓平擀成圓片狀，就可準備包餡。

9 將豆沙餡分割成每顆15克，壓平後放入鹹蛋黃並收緊，可露出底部。

10 將捏好的內餡放在擀好的麵皮上，再用虎口將麵皮包緊。

12 預熱好的烤箱以上火200度，下火190度，烤25分鐘即可。

11 包好的麵團稍微整圓後，將收口朝下放置烤盤靜置，約15分鐘，刷上蛋黃液，黏上黑芝麻即可送入烤箱烘烤。

TIPS

● 作法7 中的將麵團靜置鬆弛10 分鐘，所謂的鬆弛是讓麵筋可以鬆軟，便於後續整形。

綠豆椪

 份量：12顆

烤箱設定

🌡 **預熱**

• 上火 170 度，下火 180 度

⏱ **烘烤**

• 上火 170 度，下火 180 度烤 25 分鐘

🥄 材料

A 油皮
• 中筋麵粉 ·········120 克
• 細砂糖 ·········· 21 克
• 無水奶油 ········· 45 克

• 冰水 ············· 54 克

B 油酥
• 低筋麵粉 ·········110 克
• 無水奶油 ·········· 55 克

C 內餡
• 綠豆沙餡 ·········420 克

🥖 作法

油皮製作　　　　　**油酥製作**

1 油皮製作方式請參考 P16，食譜配方請參考本頁油皮材料。將油皮分割成每個重量20克備用。

2 油酥製作步驟請參考 P17，將油酥分割成每顆12克備用。

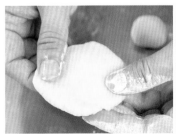  

3 將油酥包入油皮內，收口朝上。

4 用擀麵棍稍微壓平擀開成12公分左右長橢圓形。

5 從下方往上折至中間，再從上方折到底，呈現三摺狀態。

6 將麵皮轉90度，再次將麵皮擀成長橢圓形。

7 再重複1次三折動作，接著放置10分鐘鬆弛。

8 醒好的麵皮用擀麵棍輕輕壓平擀成圓片狀，就可準備包餡。

9 綠豆沙餡搓揉成棉細狀，每顆分割約35克，放在擀好的麵皮上再用手掌虎口處，將麵皮包緊。

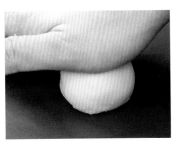 

10 把包好的餅收口朝下，放在烤盤上，用手掌輕輕壓平表面，中間處蓋上紅色印記就可進入烤箱以上火170度，下火180度烘烤25分鐘。

TIPS

- 作法10 的紅色印記，可使用筷子沾紅麴粉加水均勻，或可食用紅色色膏蓋上。

軟式牛舌餅

：9片

烤箱設定

 預熱

• 上火 190 度，下火 170 度

 烘烤

• 上火 190 度，下火 170 度烤 22 ～ 25 分鐘

材料

A 油皮

- 中筋麵粉 ⋯⋯⋯⋯180 克
- 糖粉 ⋯⋯⋯⋯⋯⋯ 34 克
- 無水奶油 ⋯⋯⋯ 68 克
- 冰水 ⋯⋯⋯⋯⋯ 79 克
- 鹽 ⋯⋯⋯⋯⋯⋯ 0.5 克

B 油酥

- 低筋麵粉 ⋯⋯⋯⋯133 克
- 無水奶油 ⋯⋯⋯ 68 克

C 糖心餡

- 糖粉 ⋯⋯⋯⋯⋯ 68 克
- 低筋麵粉 ⋯⋯⋯ 68 克

- 奶油 ⋯⋯⋯⋯⋯ 34 克
- 麥芽糖 ⋯⋯⋯⋯ 46 克
- 鹽巴 ⋯⋯⋯⋯⋯ 0.5 克
- 奶水 ⋯⋯⋯⋯⋯ 8 克

D 裝飾

- 用生白芝麻 ⋯⋯⋯適量

作法

油皮製作

1 油皮製作方式請參考 P16，食譜配方請參考本頁油皮材料。將油皮分割成每個重量20克備用。

油酥製作

2 油酥製作步驟請參考 P17，將油酥分割成每顆22克備用。

TIPS

- 材料表中的奶水是濃縮牛奶。

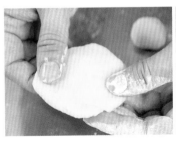  

3 將油酥包入油皮內，收口朝上。

4 用擀麵棍稍微壓平擀開成12公分左右長橢圓形。

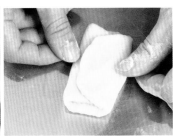

5 從下方往上折至中間，再從上方折到底，呈現三摺狀態。

6 將麵皮轉90度，再次將麵皮擀成長橢圓形。

  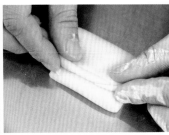

7 再重複1次三折動作，接著放置3分鐘鬆弛。

8 糖心餡材料全部攪拌均勻，分成每份25克備用。

9 作法7的麵皮包入糖心餡後靜置3分鐘。

10 擀成長15公分橢圓，沾上生白芝麻。蓋上烘焙紙，壓上備用烤盤，以預熱好烤箱以上火190度，下火170度烘烤22～25分鐘即可。

TIPS

● 請多準備一個備用烤盤，於作法10 隔著烘焙紙壓在上方。

薄片牛舌餅

份量：16個

烤箱設定

 預熱

• 上火 180 度，下火 160 度

 烘烤

• 上火 180 度，下火 160 度烤
  13 ～ 15 分鐘

材料

A 油皮

- 中筋麵粉 ⋯⋯⋯⋯130 克
- 糖粉 ⋯⋯⋯⋯⋯⋯ 22 克
- 無鹽奶油 ⋯⋯⋯⋯ 88 克

- 冰水 ⋯⋯⋯⋯⋯⋯ 48 克

B 糖餡

- 糖粉 ⋯⋯⋯⋯⋯⋯ 50 克
- 低筋麵粉 ⋯⋯⋯⋯ 15 克

- 奶粉 ⋯⋯⋯⋯⋯⋯ 21 克
- 85% 麥芽 ⋯⋯⋯⋯ 7 克
- 全蛋 ⋯⋯⋯⋯⋯⋯ 6 克
- 水 ⋯⋯⋯⋯⋯⋯⋯ 2 克

作法

1 油皮材料全部加入攪拌機，攪拌均勻，取出鬆弛20分鐘再分割成每份15克。

2 糖餡材料全部加一起用手拌勻，並分成每份6克備用。

3-1

3 油皮包入糖餡後搓成小長條狀，放置鬆弛5分鐘。

3-2

4 擀成長扁型牛舌餅狀，並排入不沾烤盤。

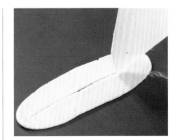

5 在牛舌餅麵皮上用軟刮板割劃一直線，劃破底皮沒關係。

6 烤箱以上火180度，下火160烤13～15分鐘，呈現金黃色即可取出。

TIPS

- 如操作時黏手可沾點手粉操作！但不要過多，以不黏手為主。

太陽餅

 份量：9個

烤箱設定

 預熱

- 上火 180 度，下火 170 度

🕐 **烘烤**

- 上火 180 度，下火 170 度烤 22 ～ 25 分鐘

A 油皮

- 中筋麵粉 …………180 克
- 糖粉 ……………… 34 克
- 無水奶油 ………… 68 克
- 冰水 ……………… 79 克
- 鹽 ………………… 0.5 克

B 油酥

- 低筋麵粉 …………133 克
- 無水奶油 ………… 68 克

C 糖心餡

- 糖粉 ……………… 68 克
- 低筋麵粉 ………… 68 克

- 無鹽奶油 ………… 34 克
- 麥芽糖 …………… 45 克
- 鹽巴 ……………… 0.5 克
- 奶水 ……………… 8 克

D 裝飾

- 過濾蛋黃液 …………適量

🥖 作法

油皮製作

1 油皮製作方式請參考 P16，食譜配方請參考本頁油皮材料。將油皮分割成每個重量38克備用。

油酥製作

2 油酥製作步驟請參考 P17，將油酥分割成每顆22克備用。

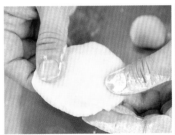  

3 將油酥包入油皮內，收口朝上。

4 用擀麵棍稍微壓平擀開成12公分左右長橢圓形 。

5 從下方往上折至中間，再從上方折到底，呈現三摺狀態。

6 將麵皮轉90度，再次將麵皮擀成長橢圓形。

7 再重複1次三折動作，接著放置3分鐘鬆弛。

8 糖心餡材料全部攪拌均勻，分成每份25克備用。

9 作法7的麵皮包入糖心餡後靜置3分鐘。

 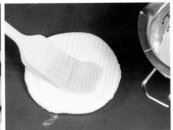

10 擀成直徑15公分圓形，表面刷上蛋黃液。以預熱好烤箱以上火180度，下火170度烘烤22～25分鐘即可。

港式老婆餅

 份量：9個

烤箱設定

 預熱

• 上火 180 度，下火 170 度

🕐 **烘烤**

• 上火 180 度，下火 170 度烤 22 ～ 25
分鐘

材料

A 油皮

- 中筋麵粉 ………… 180 克
- 糖粉 ……………… 34 克
- 無水奶油 ………… 68 克
- 冰水 ……………… 79 克
- 鹽巴 ……………… 0.5 克

B 油酥

- 低筋麵粉 ………… 133 克
- 無水奶油 ………… 68 克

C 麻吉糖心餡

- 奶油 ……………… 30 克
- 水 ………………… 68 克

- 糖 ………………… 75 克
- 糯米粉 …………… 53 克
- 熟芝麻 …………… 10 克

D 裝飾

- 過濾蛋黃液 ………… 適量

作法

油皮製作

1 油皮製作方式請參考 P16，食譜配方請參考本頁油皮材料。將油皮分割成每個重量38克備用。

油酥製作

2 油酥製作步驟請參考 P17，將油酥分割成每顆22克備用。

3 將油酥包入油皮內，收口朝上。

4 麵皮三折2次後放靜置
3分鐘鬆弛。（三折整
形法請參考P114～115）

5 麵皮鬆弛後擀成約手掌
大麵皮。

6 麻吉糖心餡材料攪拌均勻，分成每份25克，包入麵皮中並靜置3分鐘。

TIPS
- 用叉子戳洞是為了讓餅在烘
  烤時內部所產生的氣體釋
  放，不讓餅體膨脹。

7 擀成直徑15公分圓形，表面刷上蛋黃液，再以叉子戳
出整齊的洞。以預熱好烤箱以上火180度，下火170度
烘烤22～25分鐘即可。

芋頭酥

份量：12個

烤箱設定

 預熱

- 上火 170 度，下火 180 度

烘烤

- 上火 170 度，下火 180 度烤 23 分鐘

 材料

A 油皮

- 中筋麵粉 ·········· 120 克
- 細砂糖 ············ 21 克
- 鹽 ················ 0.5 克

- 無水奶油 ·········· 45 克
- 冰水 ·············· 54 克

B 油酥

- 低筋麵粉 ·········· 110 克

- 無水奶油 ·········· 55 克
- 紫色芋頭粉 ········· 5 克

C 內餡

- 芋頭餡 ············ 420 克

 作法

油皮製作

油酥製作

1 油皮製作方式請參考 P16，食譜配方請參考本頁油皮材料。將油皮分割成每個重量40克備用。

2 油酥製作步驟請參考 P17，將油酥分割成每顆24克備用。食譜配方請參考本頁油酥材料。

3-1

3 將油酥包入油皮內，收口朝上。

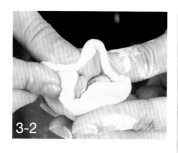

3-2

4 用擀麵棍稍微壓平擀開成12公分左右長橢圓形。

5 用手掌輕捲麵皮捲起成圓筒狀。

6 將麵皮轉90度，輕壓一下，再次將麵皮擀成長橢圓形。

7 輕捲成圓筒狀，接著放置10分鐘鬆弛。

8 醒好的麵團，用刀子對切成2個。

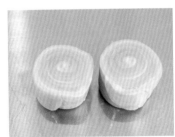

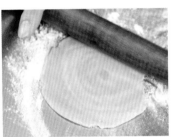

10 將餡料搓成長條，分切每份35克後蓋上保鮮膜備用。

9 對切好的麵皮將切口朝上，用手掌壓平後用擀麵棍擀成手掌大圓形。

12 預熱好烤箱以上火170度，下火180度烤約23分鐘即可。

11 將切口面朝下，放上芋頭餡，將麵皮收緊，放置烤盤上排整齊。

Chapter 06

其他類

沒有烤箱就不能做伴手禮嗎？特別挑選幾項
操作簡單，甚至只要一個平底鍋就能製作的
伴手禮，輕鬆就能動手表心意。

提拉米蘇泡芙球

份量：7顆

烤箱設定

 預熱

- 上火 200 度，下火 180 度

 烘烤

- 上火 200 度，下火 180 度，
  烘烤 25 ～ 30 分鐘

材料

A 餅皮
- 奶油 …………… 20 克
- 糖粉 …………… 20 克
- 低筋麵粉 ………… 25 克

B 泡芙體
- 奶油 …………… 30 克
- 水 …………… 60 克
- 鹽 …………… 1 克

- 低筋麵粉 ………… 35 克
- 全蛋液 …… 75 ～ 80 克

C 提拉米蘇餡
- 砂糖 …………… 50 克
- 香草莢醬 …………適量
- 鮮奶 …………… 150 克
- 馬茲卡邦乳酪 …… 50 克
- 低筋麵粉 ………… 10 克

- 玉米粉 …………… 10 克
- 蛋黃液 ………… 110 克

D 其他
- 打發動物鮮奶油 …150 克
- 防潮可可粉 …………適量
- 咖啡甜酒 …………適量

作法

餅皮

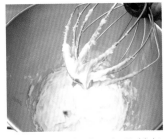

1 將奶油軟化，加入糖粉及過篩低筋麵粉拌勻成團。

2 將麵團用袋子包好放冷藏10分鐘。

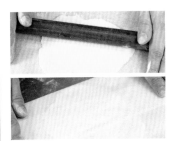

3 10分鐘後取出餅皮麵團，用擀麵棍擀成0.3公分厚度片狀，蓋上袋子放冷藏備用。

泡芙體

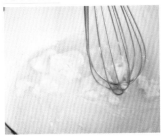

4 材料B中奶油，水，鹽，先用鍋子加熱至沸騰。

5 加入過篩低筋麵粉，攪拌均勻成泥狀關火放旁邊降溫。

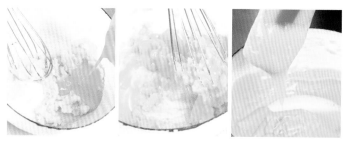

6 稍微降溫後加入一半蛋液，攪拌均勻後再加入另一半，攪拌麵糊均勻至用刮刀拿起呈現倒三角形狀態，裝入大擠花袋備用。

7 將泡芙體麵糊擠在不沾烤盤上或烘焙紙上，約7顆。

8 將餅皮從冰箱拿出，用直徑約2吋圓型壓模壓出7顆餅皮。

9 將泡芙體上噴上少許水，再將餅皮蓋在泡芙體上。

10 烤箱預熱上火200度，下火180度，烤25分～30分鐘，烤好後取出放涼備用。

提拉米蘇餡

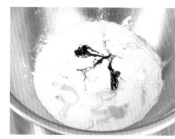

11 將材料C全部攪拌均勻後放進微波內加熱至半固態狀，放涼備用。

12
打發的動物鮮奶油跟放涼的提拉米蘇餡混合攪拌均勻,裝入擠花袋中備用。

TIPS

- 作法12 拌勻即可,勿過度攪拌,會油水分離。

13
將烤好放涼的泡芙體上半部切開,擠入提拉米蘇餡,蓋回泡芙蓋,撒上防潮可可粉。

14
泡芙體底部沾上適量咖啡甜酒,放在小紙墊上放入冰箱,冰冷後就可以享用。

TIPS

- 泡芙底部沾上咖啡酒是為了增加泡芙的風味,可依自己喜好調整風味。

香酥蛋捲

 份量：約24根

烤箱設定

材料

- 低筋麵粉 ………… 50 克
- 無水奶油 …………120 克
- 細砂糖 …………100 克
- 鹽 …………………… 1 克
- 全蛋 ………………150 克

作法

1 將細砂糖、無水奶油、鹽，加在一起打發至羽絨狀。

2 將蛋攪拌均勻成蛋液，分成2次加入作法1，並於每次加入後攪拌均勻。

3 將低筋麵粉過篩並加入，攪拌均勻後即為蛋捲糊，靜置30分鐘備用。

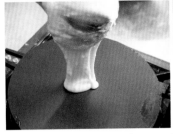

4 將一大匙蛋捲糊（約18克）倒入煎盤中間，接著蓋上上蓋轉小火，兩面各煎約30秒，打開蓋後使用鐵棒捲成蛋捲，捲好放涼即可。

TIPS

- 這道香酥蛋捲需要蛋捲煎盤才能操作喔。

銅鑼燒

份量：5個

材料

- 低筋麵粉 ………100 克
- 全蛋 …………100 克
- 砂糖 ……………35 克
- 蜂蜜 ……………22 克
- 牛奶 ……………35 克
- 小蘇打粉 ………2 克
- 現成紅豆餡 ………適量

作法

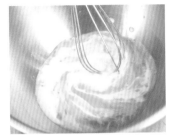

1 全蛋打散，加入細砂糖、蜂蜜、牛奶，攪拌均勻成蛋黃糊。

2 小蘇打粉與低筋麵粉過篩後加入蛋黃糊中，攪拌拌勻成麵糊，接著靜置30分鐘備用。

3 將不沾平底鍋燒熱，用餐巾紙擦上薄薄的奶油，倒入適量的麵糊，等麵糊表面氣泡產生後，用鏟子翻面煎成圓片狀後放涼備用。

4 將2片餅皮中間夾上適量的紅豆餡即可。

蘇打牛軋餅

份量：約35片

材料

材料 A
- 砂糖 ⋯⋯⋯⋯⋯ 110 克
- 水麥芽 ⋯⋯⋯⋯ 100 克
- 水 ⋯⋯⋯⋯⋯ 35 克
- 鹽巴 ⋯⋯⋯⋯⋯ 2 克

材料 B
- 蛋白 ⋯⋯⋯⋯⋯ 15 克
- 砂糖 ⋯⋯⋯⋯⋯ 15 克

材料 C
- 奶油 ⋯⋯⋯⋯⋯ 30 克

- 奶粉 ⋯⋯⋯⋯⋯ 40 克
- 青蔥蘇打餅乾 ⋯⋯⋯適量

作法

1 材料A全部混和並用中火煮至130～135度。

2 材料 B 使用打蛋器，快速打發至硬性發泡狀（前端成彎鉤狀不下垂）。

3-1

3 將材料 B 邊攪拌邊加入材料 A，並攪拌均勻成蛋白糊。

3-2

4 將材料C加入蛋白糊，並攪拌均勻成濃稠狀。

5 將餡料夾入兩片青蔥蘇打餅乾中間即可。

TIPS
- 牛軋糖可用小的鐵製湯匙挖取

鳳梨酥

 ：24個

烤箱設定

 預熱
- 上火 170 度，下火 200 度

烘烤
- 上火 170 度，下火 200 度烤 20 分鐘

材料
- 奶油 ················150 克
- 糖粉 ················ 95 克
- 鹽 ····················1 克
- 奶粉 ················ 25 克
- 全蛋 ················ 1 顆
- 蛋黃 ················ 1 顆
- 低筋麵粉 ··········280 克
- 土鳳梨餡 ·········600 克
- 方形烤模 ········· 24 個

作法

1 將軟化的奶油放入盆中，加入糖粉、鹽打發，再將蛋黃及全蛋拌勻，分2次加入盆中拌勻成奶油糊。

2 奶粉和低筋麵粉過篩後加入奶油糊中，用手揉成團。

3 將鳳梨餡以及作法2的麵團分別分割成每顆25克備用。

4 將麵團壓平包入土鳳梨餡，用虎口將麵團收緊。

5 將方型烤模排入烤盤中，再放入奶酥麵團，並用手掌心壓平。

6 以烤箱上火170度，下火200度烘烤10分鐘，並帶上棉手套將鳳梨酥取出並翻面，再放回烤箱烤10分鐘，2面金黃色就可出爐脫模。

雪花酥

份量：烤盤一盤（34×24公分）

 材料

- 奶油 …………………100 克
- 棉花糖 ………………400 克
- 奶粉 …………………100 克
- 奇福餅乾 ……………500 克

- 蔓越莓乾 …………… 50 克
- 烤熟杏仁片 ………… 50 克
- 烤熟南瓜子 ………… 50 克
- 枸杞 ………………… 30 克

裝飾

- 防潮糖粉 ………… 30 克
- 奶粉 ……………… 30 克

 作法

1 烤盤放上一張烘焙布備用。

2 將奇福餅乾折半及堅果和蔓越莓乾及枸杞放烤箱，以100度保溫備用。

TIPS

- 可放入自己喜歡的堅果，調整為自己喜好的風味哦！

3 將奶油和棉花糖，用不沾平底鍋加熱至融化，再加入奶粉攪拌均勻。

4 將保溫的食材加入平底鍋中拌勻。

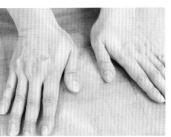

5 倒入舖上烘焙布的烤盤中，蓋上另一張烘焙布，帶上手套將食材壓平，讓厚度平均約2公分厚。

6 定型後取下烘焙布，撒上裝飾用奶粉及防潮糖粉，翻面再撒上裝飾奶粉。

7 移至砧板上切成2.5 x 2.5公分正方形即可。

TIPS

● 可以依照要裝入的餅乾袋大小切塊。

港點小王子鄭元勳 的
伴手禮點心

網紅甜點、節慶糕點，從蛋糕、蛋捲、糖酥餅、
檸檬塔到蛋黃酥、鳳梨酥、老婆餅……， 一本學會

作　　者	鄭元勳	總 代 理	三友圖書有限公司	
攝　　影	楊志雄	地　　址	106台北市安和路2段213號4樓	
編　　輯	朱尚懌	電　　話	(02) 2377-4155	
校　　對	朱尚懌、黃子瑜	傳　　真	(02) 2377-4355	
	鄭元勳	E－mail	service@sanyau.com.tw	
美術設計	劉錦堂	郵政劃撥	05844889 三友圖書有限公司	
發 行 人	程安琪	總 經 銷	大和書報圖書股份有限公司	
總 策 劃	程顯灝	地　　址	新北市新莊區五工五路2號	
總 編 輯	呂增娣	電　　話	(02) 8990-2588	
資深編輯	吳雅芳	傳　　真	(02) 2299-7900	
編　　輯	藍勻廷、黃子瑜			
美術主編	劉錦堂	製版印刷	卡樂彩色製版印刷有限公司	
行銷總監	呂增慧			
資深行銷	吳孟蓉	初　　版	2021年01月	
		定　　價	新台幣399元	
發 行 部	侯莉莉	ＩＳＢＮ	978-986-364-174-2（平裝）	
財 務 部	許麗娟、陳美齡			
印　　務	許丁財	版權所有‧翻印必究		
出 版 者	橘子文化事業有限公司	書若有破損缺頁 請寄回本社更換		

國家圖書館出版品預行編目(CIP)資料

港點小王子鄭元勳的伴手禮點心：網紅甜點、節
慶糕點，從蛋糕、蛋捲、糖酥餅、檸檬塔到蛋
黃酥、鳳梨酥、老婆餅……，一本學會 / 鄭元勳
作. -- 初版. -- 臺北市：橘子文化事業有限公司,
2021.01
面；　公分
ISBN 978-986-364-174-2(平裝)

1.點心食譜
427.16　　　　　　　　　　109020435

SANYAU
http://www.ju-zi.com.tw
三友圖書
友直 友諒 友多聞

2XL 獨家超大尺寸
烘焙、揉麵好幫手

防黴斑抗病菌

止滑動不傷刀

不沾味不吃色

多項檢測通過

美國製造進口

Little Tree 美國小樹　木纖維揉麵板
你家也該有一片

了解更多

易烘焙 EZbaking

易烘焙 讓第一次烘焙和料理 輕鬆上手！
5年的好口碑相傳
好吃、好玩又高質感的烘焙體驗
各式各樣中餐、西餐、甜點課程
還有應有盡有的達人分享會！
心動不如馬上行動
趕快加入LINE及FB看更多！

Facebook

LINE

透過行動條碼加入LINE好友
請在LINE應用程式上開啟「好友」分頁，
點選畫面右上方用來加入好友的圖示，
接著點選「行動條碼」，然後掃描此行動條碼。

ezbakingdiy@gmail.com

106臺北市大安區信義路四段265巷5弄3號 0984-345-347 / 241 新北市三重區捷運路19巷6弄20號2樓 0984-345-347

紅牛 RED COW®
Since 1965

100% Pure Milk From New Zealand

特級香濃
牛軋糖指定專業奶粉

100%紐西蘭純淨乳源

RED COW MILK
紅牛全脂奶粉
RED COW FULL
CREAM MILK POWDER

好香好濃　天然營養
乳粉含量100%
原產地紐西蘭

● 紅牛全脂奶粉1kg

ISO22000及HACCP雙重驗證

官網

FB

奕瑪國際行銷股份有限公司
網址：buy.healthing.com.tw　TEL：0800-077-168

程安琪
鮮拌麵

向來重視健康與味道的程安琪老師，推出了 3 種料理包（鮮拌麵醬），以簡單操作的方式，將美味帶入您的家庭。將解凍後的醬料，在鍋中拌炒後，倒入煮好的麵條，拌勻後即可食用。也可以用來配飯或做成簡單的菜餚。

薑黃咖哩雞
定價 625 元（5 入）

香菇蕃茄紹子
定價 625 元（5 入）

雪菜肉末
定價 625 元（5 入）

五味八珍的餐桌是我們迎來了嶄新的事業方向，希望將傳承於母親傅培梅老師的「味道」，忠實地讓美食愛好者能夠品嘗到。

www.gourmetstable.com
五味八珍的餐桌—官網

FB ID：gmtt168
五味八珍的餐桌—FB

Line@ ID：gmtt
五味八珍的餐桌—Line@

出爐 麵包烘焙

100°C湯種麵包：超Q彈台式+歐式、吐司、麵團、麵皮、餡料一次學會
作者：洪瑞隆　攝影：楊志雄
定價：360元

從麵種、麵皮、餡料到台式、歐式、吐司各種變化，100℃湯種技法大解密！20年經驗烘焙師傅傳授技巧，在家也可以做湯種麵包。

烘焙餐桌：麵包機輕鬆做×天然酵母麵包×地中海健康料理
作者：金采泳　譯者：王品涵
定價：420元

用麵包機做天然酵母麵包，6種麵包一起學會。搭配清爽零負擔的地中海健康料理，把健康好吃端上桌。

學做麵包的第一本書：12個基本做法，教你完成零失敗的歐日麵包
作者：Sarah Yam@麵包雲
定價：450元

如果對食安有疑慮，不如自己動手做！掌握不敗基本法，從備料到麵包的烘烤與食用，美味零失敗的歐日麵包出爐！

麵包職人的烘焙廚房（修訂版）：50款經典歐法麵包零失敗
作者：陳共銘　攝影：楊志雄
定價：330元

50款經典歐、台式麵包，裸麥麵包、羅勒拖鞋等，從酵母的培養，到麵種的製作，直接中種法、液種法與湯種法等等，教你做出職人級的美味麵包。

舞麥！麵包師的12堂課（熱銷放大版）
作者：張源銘（舞麥者）
定價：300元

一場尋找自然原味的旅程，12堂製作健康麵包的必修課，教你從養酵母開始、親手烘焙，自己做無化學添加，最天然的麵包。

星級主廚的百變三明治：嚴選14種麵包×20種醬料×50款美味三明治輕鬆做
作者：陳鏡謙　攝影：楊志雄
定價：395元

本書介紹三明治基本作法，並推薦適合搭配在三明治的醬料，針對三明治的內餡，也提供簡單容易上手的烹調方式，適合喜歡吃漢堡三明治的讀者。

走進 異國廚房

巴黎日常料理:法國媽媽的美
味私房菜48道
作者:殿真理子
譯者:程馨頤
定價:300元

法式鹹可麗餅、甜蜜杏桃塔、
普羅旺斯燉鮮蔬……,巴黎人
最愛的家庭料理,不藏私大公
開,簡單・時髦・美味,在家
也能享受法國的幸福滋味!

日本男子的日式家庭料理:有
電子鍋、電磁爐就能當大廚
作者:KAZU 定價:380元

人氣YouTuber日本男子
KAZU,運用台灣市場的食
材,輕鬆做出簡單美味的日式
家庭料理。不失敗食譜 X 做好
料理的祕密武器 X 烹飪小竅門
不開火也能輕鬆煮。

韓國媽媽的家常料理:60道
必學經典 涼拌X小菜X主食X
湯鍋,一次學會
作者:王林煥 攝影:蕭維剛
定價:380元

韓式料理名師王林煥,教你從
基礎開始,到泡菜、涼拌菜、
韓劇常見的經典料理……,韓
國媽媽們最厲害的料理訣竅一
次教給你!

蘿拉老師的泰國家常菜:家常
主菜X常備醬料X街頭小食,
70道輕鬆上桌!
作者:蘿拉老師
攝影:林韋言
定價:380元

泰式料理達人蘿拉老師,親授
70道泰國經典家常菜,從主食
到甜點,從食材採購秘訣到烹
調的小撇步,教你不瞎忙就能
做出道地泰式味。

So delicious!學做異國料理
的第一本書:日式・韓式・泰
式・義大利・中東・西班牙・
西餐,一次學會七大主題料理
作者:李香芳、林幸香、段生
浩、許宏寓、程安琪、黃佳祥、
葉信宏、丹尼爾・尼格雷亞
定價:480元

從基本的食材認識,到進階食
譜,風味道地且具代表性,料
理新手必學的異國料理,Step
by step,初學者也能做出大廚
級美味!

惠子老師的日本家庭料理(附
贈:《渡邊麻紀的湯品與燉煮
料理》)
作者:大原惠子、渡邊麻紀
譯者:程馨頤 攝影:楊志雄
定價:450元

100道日本家常菜,不論是豬
肉薑汁燒、玉子燒,亦或沙拉
涼麵、煮物漬菜,大原惠子老
師不藏私教授。隨書贈送《渡
邊麻紀的湯品與燉煮料理》。

地址： _____ 縣/市 _____ 鄉/鎮/市/區 _____ 路/街

_____ 段 _____ 巷 _____ 弄 _____ 號 _____ 樓

廣 告 回 函
台北郵局登記證
台北廣字第2780號

SAN YAU

三友圖書有限公司 收
SANYAU PUBLISHING CO., LTD.

106　　台北市安和路2段213號4樓

SAN YAU
三友圖書
讀書俱樂部

購買《港點小王子鄭元勳的伴手禮點心：網紅甜點、節慶糕點，從蛋糕、蛋捲、糖酥餅、檸檬塔到蛋黃酥、鳳梨酥、老婆餅……，一本學會》的讀者有福啦，只要詳細填寫背面問券，並寄回三友圖書／橘子文化，即有機會獲得精美好禮！

【KALORIK凱瑞克】
微電腦多功能氣炸鍋
（大容量5.5L）
（贈品樣式以實際提供為主）

市價NT$*5,980*元　共

活動期限至 2021 年 2 月 19 日止，詳情請見問卷內容　　　　本回函影印無效

四塊玉文創╳橘子文化╳食為天文創╳旗林文化
http://www.ju-zi.com.tw
https://www.facebook.com/comehomelife

親愛的讀者:

感謝您購買《港點小王子鄭元勳的伴手禮點心:網紅甜點、節慶糕點,從蛋糕、蛋捲、糖酥餅、檸檬塔到蛋黃酥、鳳梨酥、老婆餅……,一本學會》一書,為回饋您對本書的支持與愛護,只要填妥本回函,並於2021年2月19日前寄回本社(以郵戳為憑)參加抽獎,即有機會獲得「【KALORIK凱瑞克】微電腦多功能氣炸鍋(大容量5.5L)」(共乙名)。

姓名＿＿＿＿＿＿＿＿＿＿＿＿＿＿＿ 出生年月日＿＿＿＿＿＿＿＿＿＿＿

電話＿＿＿＿＿＿＿＿＿＿＿＿＿＿＿ E-mail＿＿＿＿＿＿＿＿＿＿＿＿＿

通訊地址＿＿＿＿＿＿＿＿＿＿＿＿＿＿＿＿＿＿＿＿＿＿＿＿＿＿＿＿＿＿＿

臉書帳號＿＿＿＿＿＿＿＿＿＿＿＿＿＿＿＿＿＿＿＿＿＿＿＿＿＿＿＿＿＿＿

部落格名稱＿＿＿＿＿＿＿＿＿＿＿＿＿＿＿＿＿＿＿＿＿＿＿＿＿＿＿＿＿＿

1 年齡
□18歲以下 □19歲～25歲 □26歲～35歲 □36歲～45歲 □46歲～55歲
□56歲～65歲 □66歲～75歲 □76歲～85歲 □86歲以上

2 職業
□軍公教 □工 □商 □自由業 □服務業 □農林漁牧業 □家管 □學生
□其他＿＿＿＿＿＿＿＿＿＿＿

3 您從何處購得本書?
□博客來 □金石堂網書 □讀冊 □誠品網書 □其他＿＿＿＿＿＿＿＿＿
□實體書店

4 您從何處得知本書?
□博客來 □金石堂網書 □讀冊 □誠品網書 □其他＿＿＿＿＿
□實體書店＿＿＿＿＿＿＿□FB四塊玉文創／橘子文化／食為天文創(三友圖書-微胖男女編輯社)
□好好刊(雙月刊) □朋友推薦 □廣播媒體

5 您購買本書的因素有哪些?(可複選)
□作者 □內容 □圖片 □版面編排 □其他＿＿＿＿＿＿＿＿＿＿

6 您覺得本書的封面設計如何?
□非常滿意 □滿意 □普通 □很差 □其他＿＿＿＿＿＿＿＿＿＿

7 非常感謝您購買此書,您還對哪些主題有興趣?(可複選)
□中西食譜 □點心烘焙 □飲品類 □旅遊 □養生保健 □瘦身美妝 □手作 □寵物
□商業理財 □心靈療癒 □小說 □繪本 □其他＿＿＿＿＿＿＿

8 您每個月的購書預算為多少金額?
□1,000元以下 □1,001～2,000元 □2,001～3,000元 □3,001～4,000元
□4,001～5,000元 □5,001元以上

9 若出版的書籍搭配贈品活動,您比較喜歡哪一類型的贈品?(可選2種)
□食品調味類 □鍋具類 □家電用品類 □書籍類 □生活用品類 □DIY手作類
□交通票券類 □展演活動票券類 □其他＿＿＿＿＿＿＿＿＿＿

10 您認為本書尚需改進之處?以及對我們的意見?

感謝您的填寫,
您寶貴的建議是我們進步的動力!

本回函得獎名單公布相關資訊
得獎名單抽出日期:2021年3月5日
得獎名單公布於:
四塊玉文創／橘子文化／食為天文創──三友圖書
微胖男女編輯社 https://www.facebook.com/comehomelife/